Sitzungsberichte
der Akademie der Wissenschaften
der DDR
Mathematik – Naturwissenschaften – Technik

12 N

1983

M. A. Sadovskij

Neue Gedanken zu Gesteinen

AKADEMIE-VERLAG · BERLIN

Sitzungsberichte
der Akademie der Wissenschaften
der DDR
Mathematik – Naturwissenschaften – Technik

Jahrgang 1983 · Nr. 12/N

M. A. Sadovskij

Neue Gedanken zu Gesteinen

AKADEMIE-VERLAG · BERLIN
1984

Deutsche Übersetzung des Vortrages von M. A. Sadovskij, Ordentliches Mitglied der Akademie der Wissenschaften der UdSSR, Auswärtiges Mitglied der Akademie der Wissenschaften der DDR, gehalten am 27. Mai 1982 vor der Klasse Geo- und Kosmoswissenschaften der Akademie der Wissenschaften der DDR (übersetzt von Michael Baumbach)

Herausgegeben im Auftrage des Präsidenten der Akademie der Wissenschaften der DDR von Vizepräsident Prof. Dr. Heinrich Scheel

ISSN 0138–3956
Erschienen im Akademie-Verlag, DDR-1086 Berlin, Leipziger Str. 3–4

Lizenznummer: 202 · 100/47/84
Printed in the German Democratic Republic
Gesamtherstellung: VEB Druckhaus Köthen
LSV 1445
Bestellnummer: 763 349 7 (2010/83/12/N)
00200

In der Geophysik wird das Untersuchungsobjekt, wie übrigens auch in anderen Wissenschaftsgebieten, vereinfacht und idealisiert. Man berücksichtigt nur solche Eigenschaften, die die Struktur und die Entwicklung des Objektes wesentlich bestimmen. Ihre Kenntnis erlaubt es uns, Modelle zu schaffen, die ein mehr oder weniger adäquates Abbild der Untersuchungsobjekte darstellen.

Als Beispiel sei das in der Seismologie verwendete Gesteinsmodell erwähnt, das von der Vorstellung eines Kontinuums unter Zuzug der linearen Elastizitätstheorie ausgeht. Es ist erstaunlich, daß es mittels einer so weitgehenden Idealisierung eines von Klüften und Brüchen gestörten Gesteins, das selbst bei kleinen Spannungen nicht dem Hookeschen Gesetz gehorcht, möglich wurde, ein Erdmodell zu finden, das die Ausbreitungsprozesse seismischer Wellen hinreichend gut beschreibt, technisch vollkommene Methoden seismischer Erkundungen zu erarbeiten und wichtige Anhaltspunkte über den Innenbau unseres Planeten zu gewinnen.

Damit sind allerdings auch die Grenzen des beschriebenen Modells erreicht. Sowohl elektrische und magnetische Effekte, die bei der Deformation von Gesteinen eine Rolle spielen, als auch eine Vielzahl anderer Prozesse, die in der Vorbereitungsphase eines Erdbebens in ihnen ablaufen, lassen sich nicht mehr im Rahmen der Vorstellungen von einem Kontinuum und der linearen Elastizitätstheorie erklären. Sie fordern für ihre Beschreibung ein Modell, das andere Gesteinseigenschaften berücksichtigt.

Es ist ganz natürlich anzunehmen, daß eine dieser bisher nicht berücksichtigten Eigenschaften die ins Auge fallende Diskretheit, die Blockstruktur der Gesteine sein kann. Ihre Beschreibung würde durch die Untersuchung der Größenverteilung der Bruchstücke erfolgen. Solche Untersuchungen wurden im Institut für Physik der Erde der Akademie der Wissenschaften der UdSSR durchgeführt und führten – wie uns scheint – zu nichttrivialen Ergebnissen, die weiter unten dargelegt werden.

Zum Auffinden der gesuchten Größenverteilungen in einem möglichst großen Abmessungsbereich wurden die Ergebnisse folgender Untersuchungen herangezogen:

1. Regionale geomorphologische Analyse der Verwitterungskruste im Baikalgebiet,
2. Granulometrische Analyse der Gesteinszerkleinerung bei unterirdischen Sprengungen,
3. Fotografie (Fernerkundung) von Bruchlinien an der Erdoberfläche,
4. Erfassung der Spektren akustischer Schwingungen von Gesteinen, hervorgerufen von Impulsen eines Bohrmeißels,
5. Untersuchung der Streuung seismischer Wellen im oberen Teil des kristallinen Fundaments,
6. Untersuchung der Häufigkeitsverteilung von Erdbeben anhand verschiedener Kataloge,
7. Größenanalyse von Körpern unseres Sonnensystems.

In den folgenden Darlegungen werden, ohne auf Einzelheiten einzugehen (siehe entsprechende Literaturquellen [1] und [2]), nur die Endergebnisse, nämlich die Größenverteilungen von Gesteinsblöcken, mitgeteilt.

Die granulometrischen Analyseergebnisse von Lockergestein des Baikalgebietes wurden uns liebenswürdigerweise von Prof. Û. G. Simonov zur Verfügung gestellt. Er bearbeitete eine große Zahl von Makroproben unterschiedlicher Herkunftsorte des Baikalgebietes (Probengewicht etwa 40 kp). Bei der Analyse der Ergebnisse wurden 80 von Prof. Simonov aufgestellte Verteilungen verwendet. Einige davon, die unterschiedlichen petrographischen Zusammensetzungen entsprechen, sind in Abb. 1 gezeigt. Die unterste Kurve in Abb. 1 stellt die mittlere Verteilung dar, die durch Summierung aller verwendeten Ausgangsdaten entstand.

Es fällt auf, daß sich deutlich drei Maxima herausheben, die den Abmessungen 0,9; 3,9 und 17 mm entsprechen. Die jeweilige petrographische Zusammensetzung in Abb. 1 erhielt den Namen des Gesteins, dessen Bruchstücke den größten Teil der Probe (mehr als 50%) bildeten.

Verteilungsfunktionen für größere Abmessungen der Bruchstücke konnten bei der Analyse der Gesteinszerkleinerung bei unterirdischen Sprengungen aufgestellt werden. Es wurden Angaben aus den Arbeiten [2], [3] und [4] verwendet, deren Ziel die technische Analyse von unterirdischen Großsprengungen der UdSSR und den USA war. Tabelle 1 enthält Angaben zu diesen Sprengungen.

Aus Tabelle 1 folgt, daß die Variationsbreite der Sprengbedingungen beträchtlich ist. Die Sprengenergie unterschied sich bis zu 3000mal, die Sprengtiefe bis zu 35mal. Die Eigenschaften der zu sprengenden Gesteine waren ebenfalls deutlich verschieden. Ihr Bruchfestigkeitskoeffizient unterschied sich maximal um das 6fache, die Sprengbarkeit um das 1,5fache.

Die Größenverteilungsfunktion der Gesteinsbruchstücke für jede Sprengung ist in Abb. 2 gezeigt. Obwohl sich die Verteilung von Sprengung zu Sprengung ändert, ähneln sich alle Funktionen, da sie jeweils ein Maximum haben, das den Abmessungen 50–100 cm entspricht. Es ist wichtig zu er-

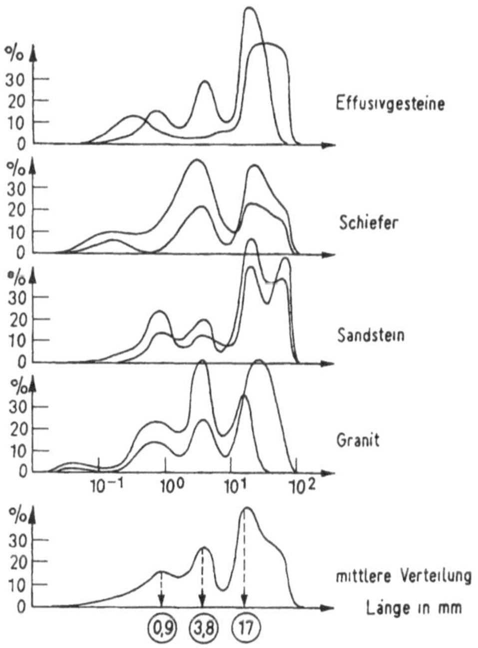

Abb. 1 Größenverteilung der Gesteinspartikel für das Baikalgebiet

Tabelle 1 Angaben zu unterirdischen Sprengungen

Nr.	äquiv. Sprengladung in Tonnen TNT	Sprengtiefe m	Sprengtyp	Gestein	Bemerkung
1	20	33,5	Kernspreng.	Basalt	
2	20	12,8	chem. Spreng.	Basalt	
3	5 400	285,0	Kernspreng.	Granodiorit	
4	2 300	52,0	Kernspreng.	Rhyolit	
5	61 000	457,0	Kernspreng.	Granit	
6	20	18,0	chem. Spreng.	Basalt	
7	87	27,5	Kernspreng.	Basalt	
8	700		chem. Spreng.	Granit	– Sprengung zur Aufschüttung eines Staudammes

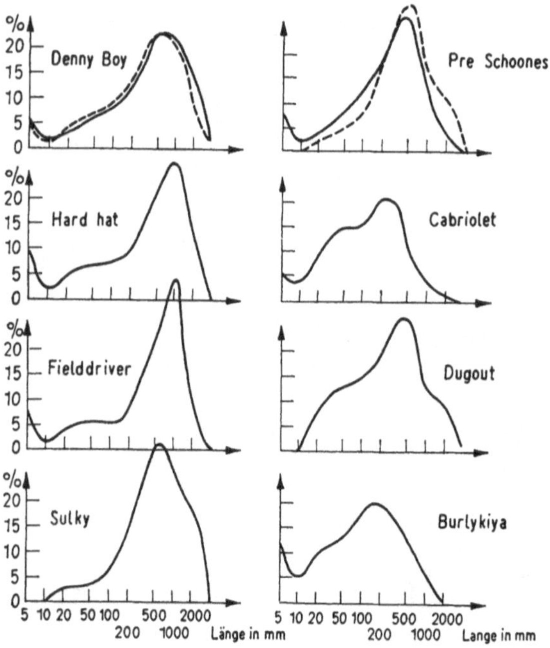

Abb. 2 Größenverteilung der Gesteinsbruchstücke für unterirdische Sprengungen (siehe auch Tabelle 1)

wähnen, daß alle Versuche, die Unterschiede im Charakter der Verteilungsfunktionen mit den Sprengbedingungen (Sprengtyp, d. h. chemische oder Kernsprengung, Sprengenergie, die sich maximal um den Faktor 3000 unterschied) in Verbindung zu bringen, fehlschlugen. Es festigte sich sogar die Überzeugung, daß der Einfluß der Sprengbedingungen und der Eigenschaften der umgebenden Gesteine, wenn er überhaupt existiert, klein ist und in den Grenzen der Beobachtungsgenauigkeit liegt. Das erlaubte uns, durch Summierung aller Einzelverteilungen für Sprengungen eine mittlere Größenverteilungsfunktion der Gesteinsbruchstücke zu konstruieren (s. Abb. 3).

Eine charakteristische Besonderheit der Funktion liegt darin, daß ihre Form die Existenz eines zweiten Maximums bei etwa 20 cm nahelegt. Es erweist sich also, daß auch in der für Sprengungen charakteristischen Größenordnung die Blockstruktur ein wichtiges gesteinsbeschreibendes Merkmal ist.

Es wurde der Versuch unternommen, Aussagen über die Blockstruktur von Gesteinen anhand von Beobachtungen ihrer akustischen Eigenschwingungen, hervorgerufen durch Impulsanregung, zu treffen. Dazu wurde ein Beschleunigungsmesser in einem zusätzlichen Bohrloch aufgestellt, das sich in der Nähe der Abbausohle, d. h. dem Arbeitsort des Bohrmeißels, befand.

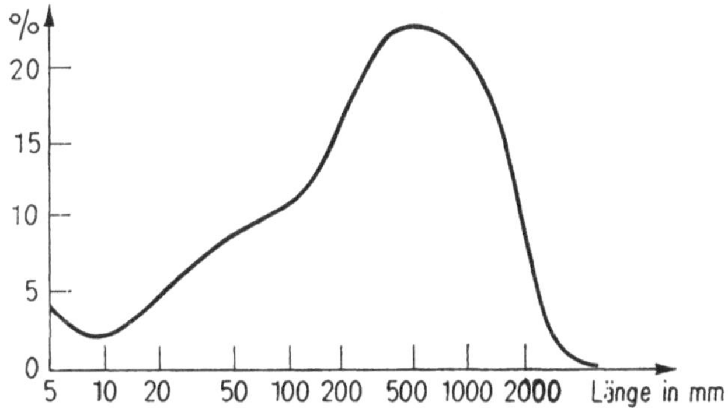

Abb. 3 Gemittelte Größenverteilung der Gesteinsbruchstücke für unterirdische Sprengungen

Die Registrierungen wurden von einem Spektralanalysator ausgewertet, dessen Frequenzband zwischen 1 und 30 kHz lag. Langperiodische Wellen werden sich offensichtlich wie in einem homogenen Medium ausbreiten, kurzperiodische werden vielfach von den Grenzschichten der einzelnen Blöcke reflektiert. Das führt dazu, daß sich die Dämpfung von kurz- und langperiodischen Wellen wesentlich unterscheidet. Der Zusammenhang zwischen Störfrequenz f, bei der sich die Reaktion des Mediums deutlich ändert, Blockgröße L und Schallgeschwindigkeit c wird durch die Beziehung

$$f \sim \frac{c}{L}$$

beschrieben.

Die Beobachtungen führten zu der Feststellung, daß die starke Dämpfung des hochfrequenten Signalanteils nicht durch ein einfaches Dispersionsgesetz beschrieben werden kann. Die geringe Energiedissipation beim Durchgang des Signals durch jeden einzelnen Block führt dazu, daß das Gestein sich wie ein Ensemble von Resonatoren verhält. Schwingungen, deren Wellenlänge ein ganzzahliges Vielfaches der charakteristischen Blockabmessung beträgt, werden bedeutend schwächer gedämpft als Schwingungen, deren Wellenlänge eine Ausbildung stehender Wellen in den Blöcken nicht erlaubt. Das Amplituden-Frequenz-Spektrum des Signals hängt deshalb nicht von der Form des Ausgangsimpulses (Aufschlag des Bohrmeißels) sondern von den Eigenschaften des durchlaufenden Mediums ab, als dessen Charakteristik es folglich dienen kann.

In Abb. 4 sind die Schwingungsspektren für Mergel und zwei stark verquarzte Monazitlagerstätten gezeigt. Die Spektren für Monazit (Kurven 2 und 3) ähneln sich und unterscheiden sich wesentlich vom Spektrum für

Mergel. In Tabelle 2 sind die gemessenen „Resonanzfrequenzen" für verschiedene Gesteine angegeben.

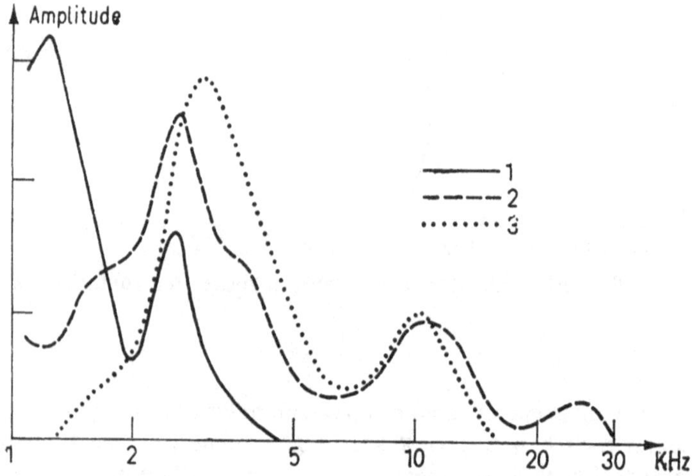

Abb. 4 Schwingungsspektren für Mergel (1) und stark verquarztes Monazit (2 und 3)

Tabelle 2

Gestein	Resonanzfrequenzen f_1	f_2 (in Hz)	Schallgeschwindigkeit c, in m/s	Blockgröße in m L_1	L_2
Mergel	200	2 500	1950	1,6	0,8
Marmor	2800	–	4950	1,8	–
Tuff	2000	–	4000	2,0	–
Basalt	2000	–	5400	2,7	–
Monazit I	2600	11 000	4700	1,8	0,4
Monazit II	3000	10 000	4700	1,5	0,5

Die in der vierten Spalte angegebene Schallgeschwindigkeit wurde einem Nachschlagewerk entnommen, das natürlich nur gemittelte Werte für jedes Gestein enthält. Darum sind die Größenangaben nur als grobe Abschätzung anzusehen. Wichtig ist nur, daß sie den Werten für die Sprengzerkleinerung ähneln.

Angaben über die Blockstruktur für einen größeren Maßstabsbereich kann man aus seismischen Untersuchungen zur Streuung elastischer Wellen im oberen Teil des kristallinen Fundaments ableiten. Nevskij u. a. [5] gaben als charakteristische Abmessungen für Inhomogenitäten die Werte 4–6 m, 15–20 m und 150–200 m an. ANTONOV u. a. [6] untersuchten die Amplituden- und Laufzeitfluktuationen sowie die Schwingungsform von P-Wellen. Sie fanden einige charakteristische räumliche Größenordnungen, nämlich 10–12 km, 45–60 km, 100–120 km und 300–600 km.

Die Fotografie der Erdoberfläche mit Mitteln der Fernerkundung eröffnete die Möglichkeit, die Größe von Blöcken der Erdkruste, erkenntlich aus den sie umgebenden Bruchlinien, direkt zu messen. Die gleiche Möglichkeit bietet die Helium-Oberflächenaufnahme. Prof. V. I. KEILIS-BOROK führte die Fotoauswertung für Kalifornien und Kleinasien durch, N. V. ČIGAREV für Mittelasien und Turkmenien und I. N. ÂNITZKIJ für Kasachstan (Heliumaufnahme). Als Ergebnis erhielten sie die in Abb. 5 gezeigten Größenverteilungen.

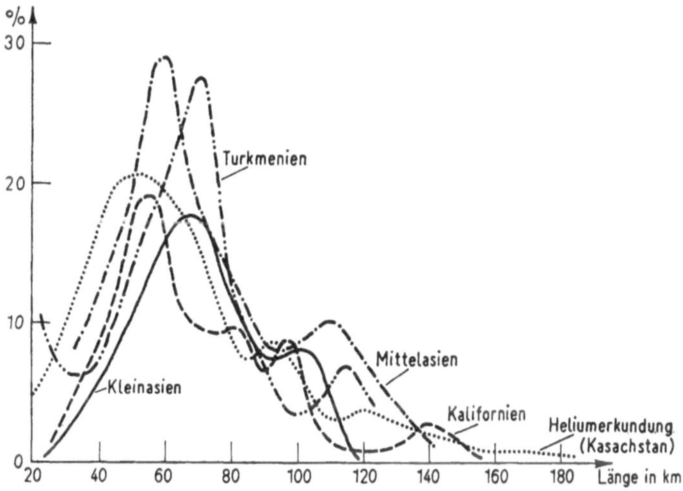

Abb. 5 Größenverteilung von Blöcken und Erdkruste (Nachweis mit Methoden der Fotofernerkundung)

Die charakteristische Asymmetrie, die auf die Existenz eines zweiten Maximums hinweist, erinnert uns an die analoge Kurvenform für die Blockgrößenverteilung bei Sprengungen.

Die Maxima selbst sind den Werten nahe, die man aus den Untersuchungen zu P-Wellenfluktuationen erhielt.

Wenn man annimmt, daß Erdbeben einen Prozeß der Freisetzung elastischer Energie darstellen, die sich in einem Block der Erdkruste angesammelt hat, und weiterhin die Grenzdichte der gespeicherten Energie für beliebige Blöcke annähernd gleich ist, so muß ein direkter Zusammenhang zwischen

Bebenstärke und Blockgröße existieren. Daraus folgt dann aber, daß die Existenz bevorzugter Größenabmessungen eine größere Häufigkeit von Erdbeben bestimmter Stärke nach sich ziehen muß.

Mittels detaillierter und aufwendiger Rechenoperationen, deren Ausgangspunkt die in der Seismologie bekannten Bebenhäufigkeitskurven waren, erhielt man Hinweise auf ein häufigeres Auftreten von Erdbeben mit den Magnituden 3,0–3,5, 6,3–7,0 und 7,8–8,3. Als Beispiel ist in Abb. 6 eine Häufigkeitsverteilung gezeigt, zu deren Konstruktion die sehr genauen Angaben der Kataloge von I. L. Nersesov und S. Ch. Negmatullaev herangezogen wur-

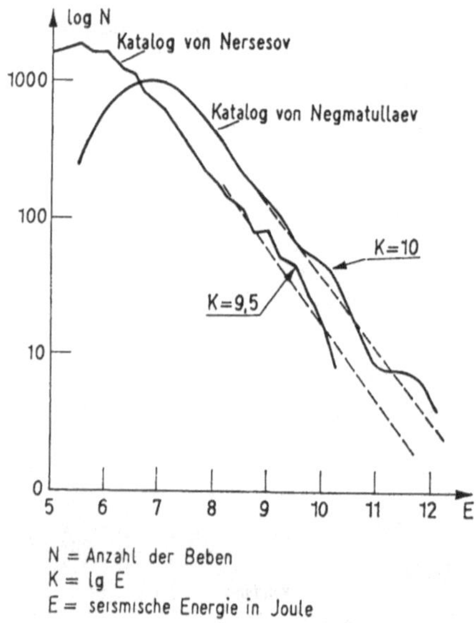

Abb. 6 Häufigkeitsverteilung von Erdbeben

den. Nach der den Seismologen bekannten Korrelationsabhängigkeit, die die Herdabmessung (die der Blockgröße gleichgesetzt wird) mit der Magnitude des Erdbebens verbindet, entsprechen den oben angegebenen Magnituden folgende Blockgrößen: 0,3–0,6 km, 40–100 km und 400–700 km. Sie widersprechen also nicht den früher mittels anderer Methoden bestimmten Abmessungen (Tabelle 3).

Wenn wir alle bisher betrachteten Größenverteilungen analysieren, kann man auf den Gedanken kommen, daß ein neun Größenordnungen umfassendes hierarchisches System bevorzugter Abmessungen der Gesteinsblöcke existiert. Das Auffinden dieser unerwarteten Eigenschaft der diskreten Größengliederung, die nicht aus den bisher existierenden Vorstellungen über

Tabelle 3

Abmessung Methode	mm						m					km					
	0,9	3,8	17,0	—	—	—	—	—	—	—	—	—	—	—	—	—	—
Sprengungen	—	5,0	20,0	50	140	500	1,0	—	—	—	—	—	—	—	—	—	—
Spektren	—	—	—	—	—	450	1,6	2,0	—	—	—	—	—	—	—	—	—
Fluktuationen von P-Wellen	—	—	—	—	—	—	—	4—6	15—20	150—250	—	10—12	45—60	100—120	300—600	—	—
Krustenblöcke	—	—	—	—	—	—	—	—	—	—	—	—	50—70	90—100	—	—	4000
Erdbeben	—	—	—	—	—	—	—	—	—	—	400—750	—	25—60	—	160—300	—	—
Sonnensystem	—	—	—	—	—	—	—	—	—	—	—	—	40	100	240	1150	4400
Mittlere Abmessung	0,9	4,4	18,5	50	140	475	1,48	4,9	17,3	193	530	11	46	102	300	1100	4200

Tabelle 4

K	1	2	3	4	5	6	7	8	9	10	11	12	13	14	15	16
$\frac{L_{K+1}}{L_K}$	4,9	4,2	2,7	2,8	3,4	3,1	3,3	3,5	11,2 = $(3,3)^2$	2,9	20 = $(2,7)^3$	4,2	2,2	2,9	3,8	3,7

Gesteine abzuleiten ist, regte uns dazu an, prinzipiell andere Beispiele für die Unterteilung von Festgesteinen zu suchen. Eine Möglichkeit besteht in der Untersuchung der Größenverteilung von Festkörpern unseres Sonnensystems. Die Anzahl der Himmelskörper ist natürlich im Unterschied zu den oben betrachteten Untersuchungsobjekten so gering, daß es kaum möglich sein wird, irgendwelche statistischen Gesetzmäßigkeiten ihrer Größenverteilung aufzufinden. Einige qualitative Abschätzungen könnten aber auch hier interessant sein.

Aus Abb. 7 kann man ersehen, daß die Verteilung der Himmelskörper (auf der Abszisse ist der Logarithmus ihrer Masse eingetragen) bei weitem nicht gleichmäßig ist. Es gibt sowohl Bereiche, wo sich ihre Anzahl deutlich vergrößert, als auch Bereiche, wo überhaupt keine Himmelskörper vertreten sind. Auf der Ordinatenachse sind die gemittelten Werte eingetragen, die der Anzahl der Himmelskörper im betrachteten Masseintervall entsprechen. Es gibt fünf Maxima, die Körperdurchmessern von 40, 100, 240, 1100 und 4400 km zuzuordnen sind. Es kann leicht festgestellt werden, daß die ersten beiden den Abmessungen von Blöcken und Inhomogenitäten nahekommen, die aus Fluktuationen von P-Wellen abgeleitet wurden.

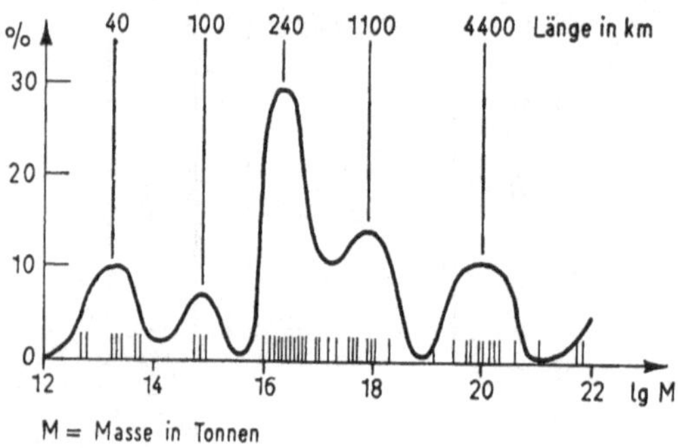

Abb. 7 Massenverteilung der Himmelskörper

Tabelle 3 faßt die Ergebnisse aller Untersuchungen zusammen. Es sind alle bevorzugten charakteristischen Abmessungen von Gesteinsblöcken bzw. -bruchstücken angegeben, die mit den unterschiedlichsten Methoden bestimmt wurden.

Wenn man die Folge der charakteristischen Abmessungen betrachtet, ist es unschwer festzustellen, daß der Quotient aus jeweils benachbarten Blockgrößen nahezu konstant ist (siehe Tab. 4).

Die aus dieser Regel herausfallenden Werte $L_{K+1} : L_K$ für $K = 9$ und $K = 11$ könnten dadurch erklärt werden, daß bei der Suche nach charakteristischen Abmessungen 3 Größen nicht erkannt werden konnten, nämlich 50–60, 1600–1700 und 5000 m.

Wenn man diese Erklärung akzeptiert, kommt das Verhältnis der jeweils benachbarten Abmessungen einer Konstanten sehr nahe, die in den Grenzen zwischen 3,0 und 3,5 liegt.

Die oben angegebenen Ergebnisse zeugen von der Existenz einer bisher unbekannten Gesteinseigenschaft, die über den Rahmen der traditionellen Vorstellungen hinausführt.

Diese Eigenschaft kommt darin zum Ausdruck, daß sowohl bei natürlichen als auch bei ungeordneten technogenen (Sprengungen) Prozessen der Gesteinszerkleinerung in der Größenverteilung der entstandenen Gesteinsbruchstücke eine hierarchische Folge bevorzugter (charakteristischer) Abmessungen zu erkennen ist, die (zumindest in grober Näherung) von den physikalisch-mechanischen Eigenschaften der Gesteine unabhängig ist.

Diese Eigenschaft der Existenz bevorzugter (charakteristischer) Abmessungen tritt in einem ungewöhnlich großen Skalenbereich auf, dessen Grenzen nach dem jetzigen Wissensstand durch die Werte 10^{-3} und 10^{6} Meter markiert werden.

Im Moment gibt es noch keine gesicherten Erklärungen der oben beschriebenen Gesteinseigenschaft. Einige ganz allgemeine Vorstellungen über mögliche Ursachen der Entstehung eines hierarchischen Systems der Gesteinseinheiten bei ihrer Zerkleinerung werden weiter unten angeführt.

Ein Wesenszug eines Gesteins ist seine deutlich ausgeprägte Inhomogenität. Man kann es als ein zusammengesetztes System ansehen, dessen Bestandteile sich in ihren physikalisch-chemischen Eigenschaften unterscheiden. Bei ihrer Deformation befinden sie sich in unterschiedlichen Spannungszuständen, vom neutralen bis zum instabilen.

Mit dem Ablauf der Zeit und bei wachsender Deformation nimmt die Anzahl der gebrochenen Partikel (Defekte) beschleunigt zu. Indem sie sich gegenseitig nähern und wechselwirken, ändern sie die Eigenschaften des umgebenden Gesteins. Diese lokalen Veränderungen gehen in einem bestimmten Volumen vonstatten und überführen dieses Volumen letztendlich in einen instabilen Zustand. Die Anzahl dieser auf ähnliche Weise veränderten Volumenelemente nimmt ständig und beschleunigt zu und bildet somit ein neues System bedeutend größeren Maßstabes, das bei anhaltender Deformation ebenfalls instabil wird und im Prinzip dann wieder ein Element eines neueren, noch größeren Systems werden könnte.

Wenn man voraussetzt, daß der Charakter des Prozesses, in dem die Ansammlung neuer Eigenschaften vor sich geht und das System in einen instabilen Zustand überführt wird, nicht vom Maßstab abhängt, dann könnte man erwarten, daß gerade in diesem Prozeß die Ursache für die Herausbildung diskreter Maßstäbe und einer Hierarchie in der Verteilung der Gesteinsbruchstücke zu suchen ist.

Bei Festigkeitsuntersuchungen [7] stellte man fest, daß unterkritische Belastungen zur Bildung einer ständig zunehmenden Zahl von Mikrorissen an

Defekten führen, die in jedem beliebigen Material zu finden sind. Die Rißdichte q im untersuchten Volumen kann man durch das Verhältnis des mittleren Abstandes a zwischen zwei Rissen zu ihrer mittleren Länge L definieren:

$$q = \frac{a}{L}$$

Die Untersuchungen führten zu dem Ergebnis, daß zu Anfang, bei großem a die Risse praktisch nicht wechselwirken. Wenn sich ihre Dichte q jedoch einem kritischen Wert q_k nähert, beginnen die einzelnen Risse sich zu verbinden; wir befinden uns im Stadium der schnellen Materialzerstörung. Wesentlich ist jedoch, daß q_k nicht vom Material abhängt und Werte zwischen 3 und 5 annimmt. Wenn wir uns an Tabelle 4 erinnern, stellen wir fest, daß gerade in diesen Grenzen das Verhältnis von L_{K+1}/L_K liegt. Wenn man annimmt, daß die Maxima L_K der Verteilungsfunktion den Bedingungen entsprechen, bei denen eine starke Wechselwirkung zwischen den Defekten des deformierten Mediums vor sich geht, kann man das größere der benachbarten Maxima L_{K+1} mit dem Abstand a in der Formel (2) und das Maximum L_K mit der Länge der Kluft (des Defektes) identifizieren.

Diese Schlußfolgerung ist erstaunlich, da damit die Einheitlichkeit des Prozesses der Gesteinszerkleinerung in der gesamten Skala von mikroskopischen Größen (10^{-6} m) bis zu einigen 1000 km behauptet wird.

Der zweite, nicht weniger erstaunliche Fakt, der eine Erklärung fordert, besteht darin, daß die Werte der Tabelle 4, unabhängig von der sehr unterschiedlichen Natur der betrachteten Gesteinszerkleinerungsprozesse (von Explosionen bis zu kosmischen Vorgängen), eine einheitliche Folge bilden. Es drängen sich die Fragen auf: Woraus läßt sich die kleinste „primäre" Partikelabmessung ableiten? Haben wir es mit einer zufälligen Übereinstimmung oder mit einem wichtigen Naturgesetz zu tun?

Der erstaunliche Fakt der Erhaltung der Ähnlichkeit der Verteilungen über neun Größenordnungen hinweg hängt sicher mit dem Prozeß der „Bindung" tektonischer Energie durch die Gesteine bei ihrer Deformation zusammen. Wenn der Zustrom von Energie gering ist, kann diese dissipieren. Wenn der Zustrom größer als die Relaxationsgeschwindigkeit ist, wird die überflüssige Energie zur Verrichtung von Arbeit im Gestein verwendet. Es bilden sich konsolidierte Blöcke, elastische Energie wird gespeichert oder mittels seismischer Wellen abgestrahlt usw.

Somit bleiben nicht die Blöcke selbst erhalten, ihre Größenverteilung erhält sich jedoch in allen Maßstabsbereichen. Die Diskretheit ist eine Eigenschaft der Gesteine in allen Prozessen, die mit ihrer mechanischen Umbildung zu tun haben. Darum hat eine beliebige Mittelung mechanischer Größen über das Volumen der Gesteinselemente nur Sinn für einen bestimmten Skalenbereich, der durch dieses Volumen bestimmt wird. Das muß bei allen Versuchen, die „primäre" charakteristische Gesteinspartikelgröße zu finden, berücksichtigt werden. Es gibt Gründe für die Annahme, daß die Suche im Größenbereich des Kristallgitters, für das die gewöhnlichen Vorstellungen über Spannungen und Deformationen ihren Sinn verlieren, zu führen sind.

Als Ausblick kann gesagt werden, daß bei Berücksichtigung des Gesagten die eigentliche Aufgabe, einen „primären" Maßstab zu finden, nicht nur dem Bereich der Fantasie zuzuordnen ist.

Literatur

[1] SADOVSKIJ, M. A.: O estestvennoj kuskovatosti gornych porod, Dokl. Akademii nauk SSSR, 247 (1979), Nr. 4, S. 829.

[2] SADOVSKIJ, M. A., BOLHOVITINOV, L. G., PISARENKO, V. F.: O svojstve diskretnosti gornych porod, Fondy biblioteki IFZ AN SSSR, Moskva, 1981.

[3] RABE, D. D.: Particle size distributions study of Fielddriver event, Proc. Symp. Engin. Nuclear Explosions, Las Vegas-Springfield, **2** (1970), S. 888.

[4] BROOKS, Anderson: A simple technique to determine the size distributions of nuclear crater fallback, Proc. Symp. Engin. Nuclear Explosions, Las Vegas-Springfield, **2** (1970).

[5] NEVSKIJ, M. V., RIZNIČENKO, O. JU.: Rassejanie sejsmiĉeskich voln v verchnej časti kristalličeskogo fundamenta, Izvestija Akademii nauk SSSR, Ser. Fizika Zemli, **3** (1979).

[6] ANTONOVA, L. V., ANTIKAEV, F. F., KUROČKINA, R. I., NERSESOV, I. L., NIKOLAEV, A. V., RUSAJKIN, A. I., SEDOTA, E. N., SITNIKOV, A. V., TREGUB, F. S., FEDOROVSKAJA, L. D., HALTURIN, V. I.: Eksperimental'nye sejsmičeskie issledovanija nedr Zemli, Moskva, Nauka, 1978.

[7] ŽURKOV, S. M., KUKSENKO, V. S., PETROV, V. A., SAVEL'EV, V. I., SULTANOV, U. S.: Konzentrazionnyj kriterij ob'ëmnovo razrušenija tverdych tel. – Fizičeskie processy v očagach zemletrjašenij, Moskva, Nauka, 1970.

ISSN 0138–3956

MIX
Papier | Fördert gute Waldnutzung
FSC® C083411

Zeitfracht Medien GmbH
Ferdinand-Jühlke-Straße 7
99095 Erfurt, Deutschland
produktsicherheit@kolibri360.de